万物皆元素

长相的基因秘密

[英]格里·贝利 / 著
[英]迈克·菲利普斯 / 绘
高源 董文灿 / 译

北京日报出版社

目录

简介

组成人体的细胞是非常奇妙的。人由母亲子宫中小小的受精卵发育而来。小小的受精卵分裂成两个细胞，这两个细胞再分裂成四个，细胞就以这样的方式不停地分裂和分化。

受精卵仅仅经过47次分裂，就会产生30万亿个细胞，这些细胞构成了胎儿的胎体——此时的胎儿已经做好了来到这个世界的准备。胎体中的每个细胞都有一份工作要做，它们会在你接下来的一生中都认真地对待这份工作。

但是，它们都是怎么工作的呢？

又是什么让你和其他人相同或者不同呢？

继续往下读，看看构成你，以及你的家庭的物质是什么……

繁忙的场所

每个细胞中都有成百上千个微小的细胞器，它们勤快地做着不同的事情。其中有的细胞器会形成某些身体部件，比如头发和肌肉；有的细胞器会在你受到攻击时，及时地为你机体的防御提供能量。

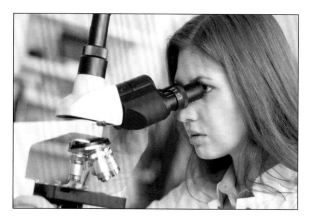

实验室中配置的高级显微镜

科学家们已知的细胞有几百种不同类型，从长而结实的神经细胞到微小的圆盘状的红细胞，它们大小不一。不过，它们的平均直径大约是20微米，也就是0.02毫米。

这实在是太小了，你需要借助显微镜才能观察到这些细胞。但是，细胞内部的空间虽然微小，却存在着成千上万个分子。分子是仍然具有所有物质的性质的最小结构。它由一个或多个原子组成，原子是宇宙中所有物质的基本组成部分。

所以，如你所见——细胞是一个繁忙的场所！

细胞的指令

那么，细胞中的细胞器是如何知道该怎么做的呢？这是科学家们想要解决的难题。现在，他们已经找到了这个问题的答案。

答案在一种叫作DNA的酸性物质中，它的全称为脱氧核糖核酸。DNA组成了基因，基因会向细胞发布指令，告诉它们如何去做。

让我们来看看基因是如何做到这一切的，以及DNA在我们的生活中扮演了怎样重要的角色。

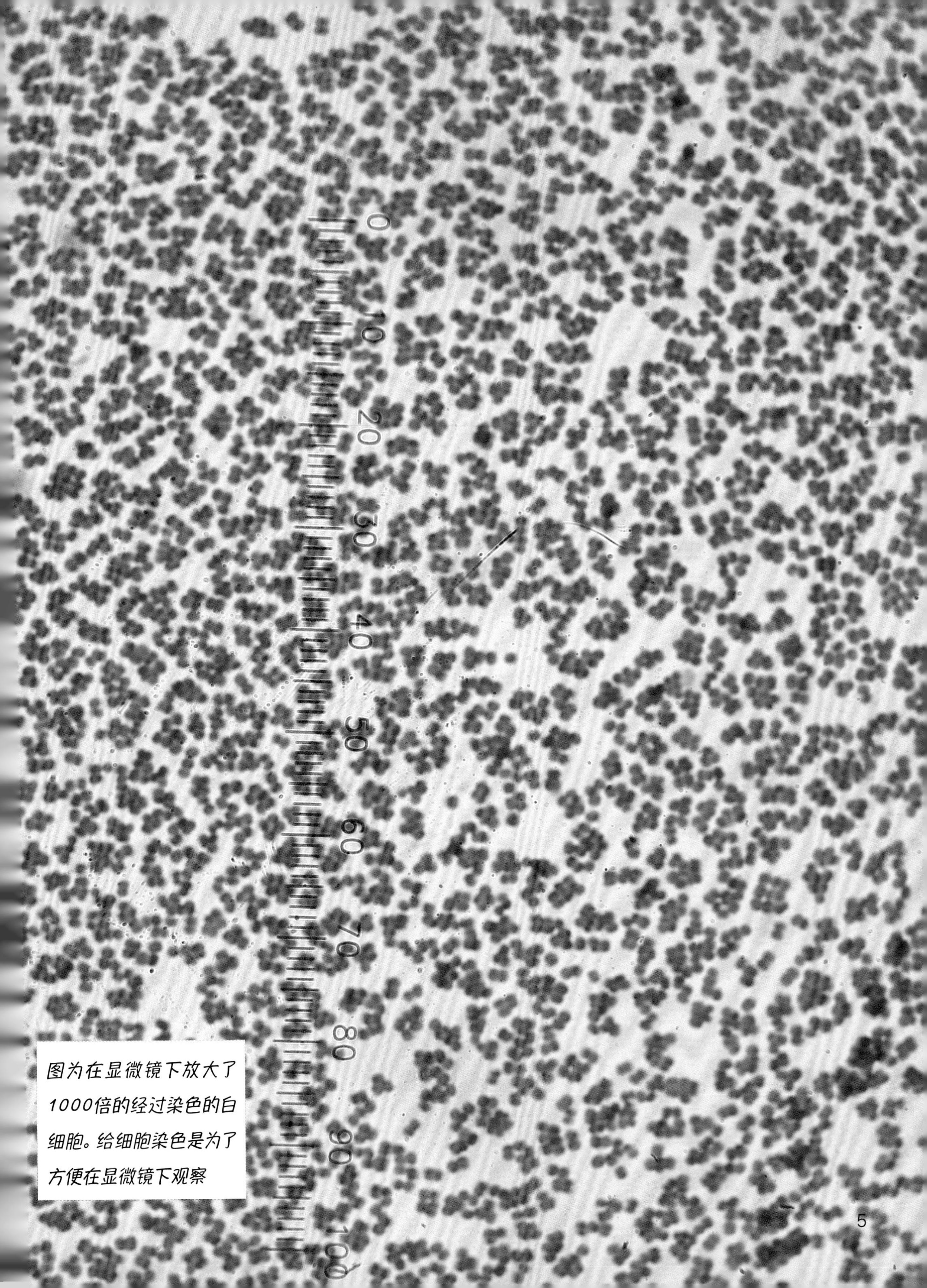

图为在显微镜下放大了
1000倍的经过染色的白
细胞。给细胞染色是为了
方便在显微镜下观察

早期观点

千百年来，人们一直对遗传学，即对遗传的研究，或者说对遗传物质是怎样从父母身上遗传到他们子女身上的问题非常感兴趣。但是没有人真正知道这一套机制是如何运作的，甚至还有一些非常不科学的观点出现在生活中。

农民很感兴趣

农民对遗传学很感兴趣，这是因为，如果他们种植的那些又大又健康的植株能生产出高质量的农作物，那么他们的生活就会因此变得宽裕起来。并且，如果他们培育出体形更大的牛或肉更多的肥羊，就能养活更多的人。农民发现，肥硕、健康的动物通常会生出肥硕、健康的后代，他们想让动植物的这些优良特质延续，但却不知道这些特质产生的原理。

有斑点的是最好的

举个例子，《圣经》中有一个人，名叫雅各布，他认为自己知道了上面问题的答案。他有一群健康的山羊，每一只羊身上的毛都是带斑点的。他想得到更多的斑点山羊。于是，他让成年山羊在有斑点的树枝附近繁殖，认为这样一来它们生下的小山羊身上就会有同样的斑点。

亚里士多德

古希腊哲学家亚里士多德因在很多领域都有著作而闻名于世，这些领域也包括他眼中的遗传学。他认为男性和女性为自己的孩子提供了不同的特性，而他们的贡献是不平等的。他认为雌性会提供给后代材料或物质，而雄性则会提供运动能力。

蓝血贵族

还有一种观点认为遗传物质是通过血液传播的。从这个错误的想法中，我们有了"蓝血贵族"的说法，用来指高贵的人，还有了"混血"和"血统"的概念。

泛生论

泛生论是另一个古老的理论。这一遗传假说认为，我们身体的各个器官以及其他构成身体的物质都会释放出属于自己的粒子，这些粒子结合起来形成一个胚胎，或者是雌性的卵子。数百年来，科学家们接受了泛生论的假说，因为他们真的不知道遗传到底是如何实现的。

所有的谜团随着一件奇妙的科学设备的发明迎刃而解了，这件设备就是显微镜。

显微镜

显微镜通过镜头——一片处理成特殊形状的玻璃，使所观察的物体看起来比实际尺寸要大得多。

镜头

当光线从空气传递到玻璃时，它会发生折射。我们可以利用透镜的折射来放大物体。

透镜是一种有特殊形状的玻璃或透明塑料。你可以用它来折射光线，以得到比原来物体更小或者更大的像。

有的透镜中间部分比边缘部分更厚，被称为凸透镜，而有的透镜中间部分比边缘部分更薄，被称为凹透镜。凸透镜可以用来放大物体。

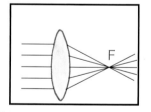

凸透镜——F为焦点

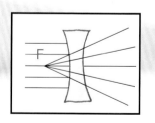

凹透镜——F为焦点

如今，现代的光学显微镜可以将物体放大到2000倍，而电子显微镜更为惊人，可以放大到200万倍

罗伯特·胡克的肖像

细胞的发现

　　一位名叫罗伯特·胡克的英国物理学家用显微镜发现和描绘了细胞的存在。他的显微镜比以前任何的观测设备都要好，它可以将观测物体放大到30倍。胡克最开始使用了"细胞"[①]这个名字来命名他观察到的东西。他认为这些他观察到的小空间看起来就像监狱的牢房，也有点儿像僧侣们住的小房间。事实上，他用这个名字来描述的是已死亡的细胞留下的微小空间，而不是细胞本身。但是这个名称被大家使用开了，所以现在我们就把这些微小的、奇妙的小单元叫作细胞。

罗伯特·胡克在1665年左右制作的显微镜

做得更好的列文虎克

　　在胡克发现细胞的几年后，一个荷兰人，安东尼·凡·列文虎克，向英国皇家学会寄出了绘画和报告，报告中有放大了275倍的细胞。从面包上的霉菌到牙齿上被他称为"动物"的生物，都有他详细的观察记录。

　　实际上这些"动物"是一种叫作原生动物的微小生物。他还在1683年发现了细菌。

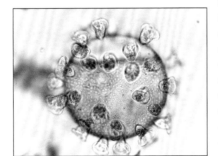

在高倍显微镜下观察到的海洋原生动物——钟形虫

　　直到19世纪中叶，制作显微镜的技术才有了真正的进步。那时候的科学家们已经能看到那些微小细胞的中心部分，也就是细胞核了。他们也知道了所有生物的生命活动都来自细胞的生长。

---

① 细胞，英文原文为"cell"，有单人牢房、单人小室的意思。——译者注

构筑生命的基石

　　细胞是构筑生命的基石，所有的生物都是由细胞组成的。我们的身体由几万亿个细胞组成。我们必须用显微镜才能观察到细胞，因为它们太小了。但它们也全是装满了东西的。尽管人类细胞的类型有几百种，形状和大小均有差异，但是它们都为你所做的事情贡献了力量。

繁忙的细胞

　　我们以吃饭为例，当你吃饭时，细胞就会把食物中的营养物质提取出来。它们制造你所需的能量，并且排出你不能利用的废物。它们会让你的指甲不停地生长，让你的眼睛能够看到事物，并且确保你的大脑整天都在运转。在细胞核的控制下，细胞甚至还能决定你的长相。

　　动物细胞都有相同的基本结构：细胞膜、细胞质、线粒体和细胞核等。遗传物质存在于细胞的细胞核中，它们决定着该动物是一头狮子还是一只长颈鹿，抑或是一头鲸鱼，或者你!

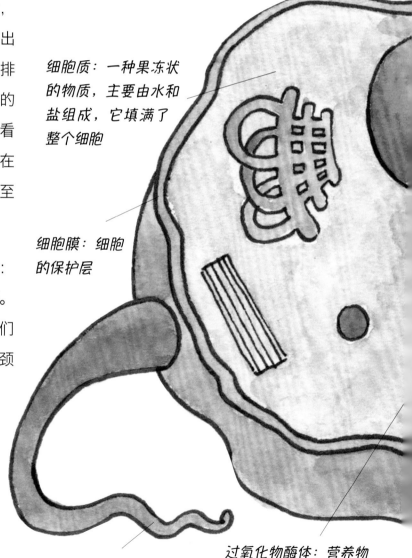

细胞质：一种果冻状的物质，主要由水和盐组成，它填满了整个细胞

细胞膜：细胞的保护层

鞭毛：它能帮助细胞游动

过氧化物酶体：营养物质在这里被吸收

短暂的生命，持久的生命

你可能觉得自己是由你孩提时形成的所有细胞组成的，但事实并不是这样。大多数细胞都不能存活那么长时间，大约1个月左右它们就会被替换下来。所有你能看到的皮肤细胞都已经不是活细胞了。

其他的细胞，比如肝细胞，可以存活很多年，但它们内部的细胞器每隔几天就会被替换。脑细胞能存活一生的时间。你出生的时候会有大约上百亿个脑细胞，此后你不会再获得任何新的脑细胞。但就像肝细胞那样，脑细胞内部的细胞器也会不断地更新换代。

细胞电池

你可能想象不到你的身体会充满电力，但事实确实如此。细胞能把我们吃的食物和我们吸入的氧气转换为电能。幸运的是，转换所产生的电能总和是微小的，因此当我们互相接触的时候，是不会被彼此电到的！

如果细胞能做上面说的这么多事，那么，它是由细胞中的什么物质控制的呢？

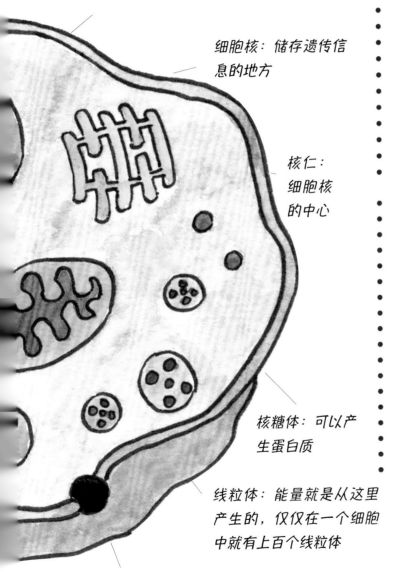

细胞核膜：保护细胞核

细胞核：储存遗传信息的地方

核仁：细胞核的中心

核糖体：可以产生蛋白质

线粒体：能量就是从这里产生的，仅仅在一个细胞中就有上百个线粒体

分泌小泡：它有运输作用，能将物质从细胞内运送出去

有关豌豆的一切

牧师和豌豆

1822年出生在奥地利的格雷戈尔·孟德尔是一位神父，但他同时也是一位科学家，他在大学里学习过物理和数学，所以对科学课题有一些了解。他进入位于现在属于捷克共和国布尔诺市的一个修道院后，开始了对豌豆植株的研究。

他想知道这些植物是如何繁殖和遗传，以及如何继承了亲代植株相同或不同的特征和品质的。在两位助手的帮助下，他培育并杂交（杂交指用两种不同品种的植株进行繁殖）了成千上万株豌豆植株。

格雷戈尔·孟德尔

"因子"的发现

孟德尔对植物的不同特征进行了研究，包括植株的高度和颜色等等。

他发现，如果高大的植株与矮种植株杂交，长出的是高大的植株。但是当它们的子一代进行繁育时，子二代中75%是高植株，剩下的25%是矮种植株。

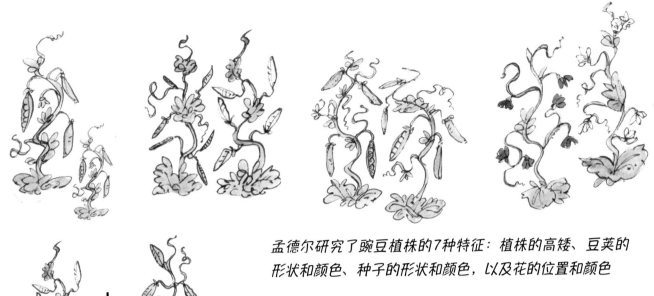

孟德尔研究了豌豆植株的7种特征：植株的高矮、豆荚的形状和颜色、种子的形状和颜色，以及花的位置和颜色

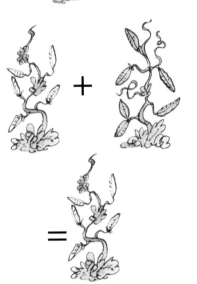

同样的事情也发生在植株的颜色上。当一株黄色的豌豆和一株绿色的豌豆杂交时，它们的"孩子"总是黄色的。然而，在子一代植物的繁育中，结出黄豌豆与绿豌豆的比例是1∶3

显性和隐性

孟德尔说，在这些杂交实验中每个子代植株的高与矮，都是由两个"因素"决定的，这两个因素即我们现在所说的基因。每一棵植株都提供了这两种基因中的其中一种。

所以，植株高度是由一个高基因和一个矮基因决定的。这两种基因都留在了植物体内，并保留了它们各自的特性。然而，其中一个基因比另一个更强大，或者叫"显性基因"（在这个例子中是让植物长得高的基因）。另一种基因较弱，或者叫"隐性基因"（让植物长得矮的基因）。

显性基因总是在与隐性基因的表达中胜出。这就解释了为什么在亲代的杂交中，所有的后代都是高的。但是当这些子一代进行繁育时，基因就会分离并进行重组。

但是，解决了这一问题，新的问题又来了——来自一个叫作"脓包"的恶心东西。

带脓的绷带、死亡和苍蝇

弗雷德里希·米歇尔是一位德国生化学家，他主要研究植物和动物的化学组成。1869年的时候，他正在研究白细胞，探索它们是由什么组成的。

为了获得试验用白细胞，他从当地一家医院拿来了很多带脓的绷带，因为脓主要是由白细胞组成的。他把盐酸加入这些脓液里，使白细胞分解只留下细胞核。然后，他又将碱和酸先后加入细胞核中，产生了一种以前从没发现过的灰色物质，他把这种物质命名为核素，因为它也是细胞核的组成要素。

而现在，我们把这种物质称为DNA。

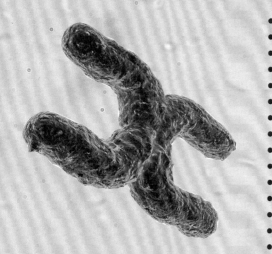

染色体是遗传物质DNA的一种包装形式，在细胞复制过程中形成

弗莱明的染料

沃尔特·弗莱明是德国的一位细胞学专家。他用一种染料给细胞染色，发现细胞核中有一种像带子一样的物质被染色了。他把这种物质称为染色质，该词由希腊语"色度"（色彩的浓度）一词引申而来。

如今，我们把这种物质称为染色体。

没过多久，人们就发现米歇尔的核素和弗莱明的染色质似乎含有相同的物质。所有这些都与孟德尔所说的叫作因子（或者叫基因）的物质联系在一起。

虽然现在科学研究成果丰硕，但关于细胞知识的蓝图仍然有待补充完善。

果蝇和染色体图谱

果蝇的寿命很短，只有14天左右。这对果蝇来说不是好事，但对美国人托马斯·摩尔根这样的实验者来说却很有帮助。他用果蝇的繁育实验来继续孟德尔关于基因和染色体的研究。

果蝇

基因在染色体上

摩尔根的观察使他相信基因在染色体上是结合在一起的。由于他研究的果蝇有4组基因，他认为它们也只有4条染色体（我们人类有46条染色体）。其他物种的染色体数目也不尽相同，物种的体形大小并不起决定作用，较大的物种不一定会有更多数量的染色体。

基因定位首次获得成功，这为染色体遗传理论提供了重要证据

制作染色体图谱

摩尔根意识到基因在染色体上是按顺序排列的。这意味着染色体上的基因是可以用示意图标示的。他的染色体图谱给出了5个基因的位置。10年后，他扩展了这张图谱的内容，展示了在果蝇的4条染色体上2000多个基因的位置。

研究进展得很快，人们对细胞的了解更多了。每个细胞都有一个细胞核，里面有染色体和基因。但是细胞里也包含了很多未知的东西……

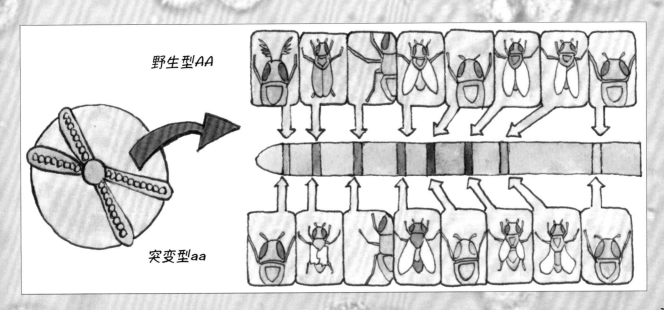

野生型AA

突变型aa

染色体控制

在细胞中心部位的是它的控制中心——细胞核。细胞核内部充满了一种叫作染色体的线状结构。

染色体数量

大多数细胞中的染色体是呈两组排列的，每一组都包含相互匹配的成对基因。每个物种都有不同数量的染色体。例如，骆驼有70条染色体，而巨型红杉只有22条。某一物种的染色体数量与该物种的体形大小没有任何关系。

我们人类有23对，或说46条染色体。在一种叫作荧光显微镜的特殊显微镜下，它们看起来是这样的……

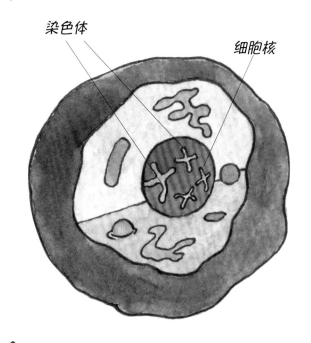

染色体

细胞核

标记出"X"形

在高倍显微镜下可以看到，当细胞分裂产生新细胞时，染色体会产生向上提拉的线圈，形成X形结构。

金鱼的染色体数量比人类的多，有94条，而豌豆植株的染色体只有14条

94

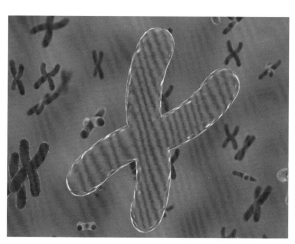

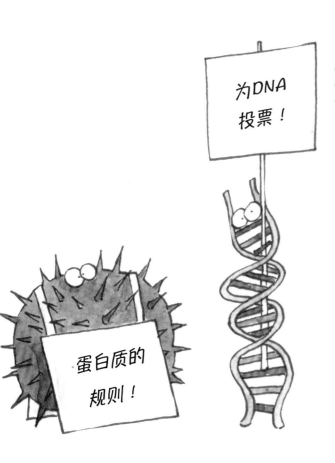

染色体中的物质

染色体中含有两种物质，DNA和蛋白质。蛋白质能帮助调节身体系统，也能将化学物质向身体的各处转移。它们还有助于潜能开发和生长发育，也有助于抗击感染。

长期以来，科学家们认为DNA可能包含决定所有生物遗传信息的基因指令，但还停留在猜测阶段。

一定是DNA和蛋白质的其中一个完成了与遗传信息相关的工作。

那么，到底谁赢了？

一开始科学家们认为答案很明显，一定是蛋白质。因为它们的结构更复杂，所以它们可能有能力携带更多的信息。毕竟，任何生物的存在都必须有巨大数量的指令做基础。

然而，进一步的研究表明，DNA的结构比我们以前认为的要复杂得多，而且它确实可以携带遗传信息。

遗传信息是如何被携带的？又是如何从一代传递到下一代的呢？科学家们需要了解DNA的实际结构是什么样的。

双螺旋结构

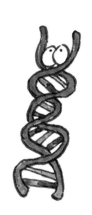

自从19世纪晚期弗雷德里希·米歇尔发现DNA以来，许多科学家都致力于弄懂DNA的运行原理，以及它在一个有生命的有机体内是如何携带遗传信息的。科学家们花了将近100年的时间才弄明白这些问题的真相。

寻找问题的答案

奥斯瓦尔德·埃弗里和他的同事们在美国纽约的洛克菲勒研究所工作，他们想知道是什么携带了全身的遗传信息。他们想要找到所谓的"转变原则"。他和他的同事们用病毒和细菌进行了试验，来证明携带遗传信息的是DNA。他们用不同的颜色给病毒内的蛋白质和DNA染色，并观察到病毒将自己的DNA注入细菌中，而不是蛋白质，这证明了"转变原则"确实缘于DNA。这让其他科学家十分激动，纷纷探索DNA的结构。

DNA晶体

罗莎琳德·富兰克林是X射线晶体学领域的专家——她专注于晶体的X射线摄影。她先让一位科学家制造出一个DNA晶体，然后她用X光拍下了这一晶体的照片。

晶体中的分子是有序排列的。当X射线穿过分子时，射线就会散射成一个特定的样式。富兰克林研究了DNA晶体的散射样式，以了解它们的形状和结构。它散射的样式显示DNA形成了一个类螺旋结构——像螺丝锥的螺旋形。

弗朗西斯·克里克　　　*詹姆斯·沃森*

克里克和沃森

　　弗朗西斯·克里克和詹姆斯·沃森也在解决DNA结构的难题。他们看到了富兰克林的成果。他们的方法是着手做一个DNA结构模型。

　　不过他们认为这个结构应该不只有一个螺旋。他们认为这个结构中有两个相互关联的螺旋，即一个双螺旋结构。

　　他们还发现了螺旋的侧面被4种称为碱基的化学键连接在一起。正是这些碱基掌握着将遗传信息传递给下一代的秘密。

　　1962年，克里克、沃森以及X射线晶体学家莫里斯·威尔逊一起，获得了诺贝尔医学奖。

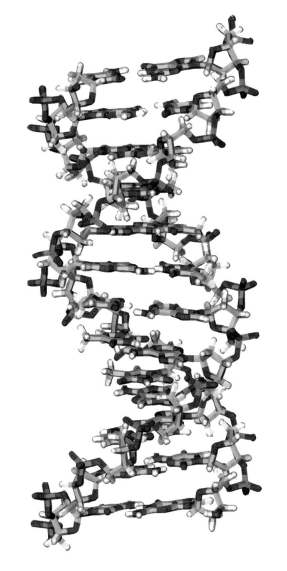

一幅由计算机生成的DNA示意图

扭曲的"梯子"

DNA双螺旋结构看起来就像是一架被扭曲的"梯子",由"阶梯"连接着两侧的框架。

梯子的每一边都是由核苷酸组成的。而且,除了糖和磷酸盐分子,每一侧都含有一种叫作碱基的化学物质。附着在糖和磷酸盐上的碱基,连接在一起,形成了DNA的阶梯。

碱基

DNA中一共有4种化学碱基。它们是:

腺嘌呤,科学家们用字母A来表示它;

鸟嘌呤,用G表示;

胸腺嘧啶,用T表示;

胞嘧啶,用C表示。

实际上,我们通常会使用字母来称呼它们,而不是碱基的名字。

这些碱基只能形成成对的"碱基对",而且它们总是以相同的方式配对。A总是与T配对,而C总是与G配对,这是由每个碱基的大小决定的。当A和T配对时,它们连成的长度与C和G配对连成的长度是相同的。

就这样,DNA就随着碱基阶梯的变长而螺旋起来,没有隆起或凹陷。

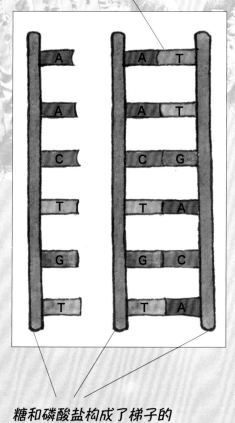

碱基对连接成一层层阶梯

糖和磷酸盐构成了梯子的框架结构

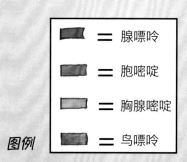

■	= 腺嘌呤
■	= 胞嘧啶
■	= 胸腺嘧啶
■	= 鸟嘌呤

图例

碱基和代码

DNA链上每侧的碱基都不会按照重复的顺序排列。相反，它们会改变顺序，形成一种包含四个字母的编码表。例如，如果你看一个DNA的序列，你可能会以这样的顺序读出这一列中所有的字母：

CGAGCCTXCGAGCCTAGCCTC

就像编程代码能控制你的计算机的操作一样，这个DNA代码能指挥你的细胞如何工作，实际上，它也能告诉你的身体怎样行使功能，它甚至还决定你长什么样子。

单词和句子

这些指令是用定序排列的三个碱基字母组成的编码"单词"构成的。这些"单词"被称为密码子。它们可能会像下面这样排列：

CGA GCC TCC GAG CCT AGC CTC

这些密码子，组成了能让细胞理解的句子。这种句子就叫作基因。

【CGA GCC TCC】

【GAG CCT AGC CTC】

正是基因使我们成为我们自己。

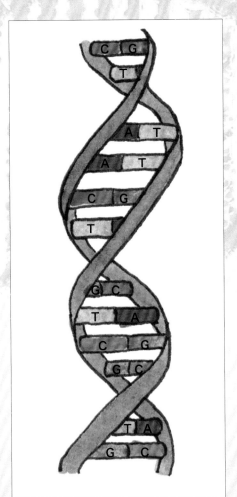

数以百万计的核苷酸连接起来形成了DNA链，也称为DNA分子。它总是以碱基对的形式连接在一起

接着，DNA梯子扭曲成为这样的双螺旋形状

答案都在基因中

当有人在解释为什么有的人会长成他现在这个样子，或是表现出某种特定的行为方式的时候，你可能会听到标题中这句话。当然，并不是所有的问题都与基因有关。我们的行为方式也可能来自对行为习惯的后天培养，我们的外表也可能来自成长过程中自己想要呈现的样子。但是，我们会持续一生的大多数基本体质，是取决于我们的基因的。

密码子和基因

在我们的DNA中有64种不同的密码子语言。而一系列的密码子语言就组成了一个基因。基因就像句子一样，每一个句子就是对一个特殊功能的编码指令。例如，有一些基因是作用于你的大脑的，它能让你的头发生长，告诉身体你会有什么颜色的眼睛。

细胞接收来自基因的指令的同时也完成了实际的工作。许多基因会告诉细胞产生一种叫作蛋白质的特殊分子。这些蛋白质控制着细胞中的一切。这样一来，DNA就像公司中的老板那样，发布了工作任务却并不参与实际工作！

而且这种工作的工作量很大！我们的身体是由大约24000个基因组成的，因此成千上万的基因会给细胞发出指令，让它们时时刻刻都在工作。

什么是蛋白质?

蛋白质是由氨基酸构成的,一共有大约20种蛋白质。每一种蛋白质都是由特殊的氨基酸构成的。它们以一定的顺序构成链状结构。这个顺序是由基因中的编码指令给出的。

还有,它们在哪里呢?

染色体和形成基因的DNA是在细胞的细胞核中发现的。但是蛋白质是在细胞核外的细胞质中形成的,细胞质即围绕在细胞核周围的类似果冻的物质。因此,这个基因必须把指令从细胞深处带到外层,以制造出对生存至关重要的蛋白质。

DNA中复杂的编码使我们每个人看起来都不一样

相同字母却变化万千

你可能会认为只有最基础的四个字母是无法存储足够的信息的,也就无法用它们来创造出基因,使它们能够形成具有生物多样性的所有物种。但是想想你的电脑仅仅用了0和1,就产生了多么巨大的变化!

那么同样的,DNA也可以写出比电脑更纷繁复杂的基因编码,这就解释了为什么我们的星球上有如此多样的植物和动物。而且,虽然构成每个人身体的最基本单元是相同的,但我们的基因却是独一无二的,这就是为什么我们看起来不完全一样。

我们来回顾一下！

细胞是所有生物的基本组成单元。

细胞内部有一个包含染色体的细胞核：生物种类不同，它所具有的染色体数目也不相同。

存在于染色体内的DNA决定了生物的行为以及它的样子。

因为——

DNA里的一系列碱基可以创建遗传编码。

这段遗传编码形成了密码子单词，然后密码子单词又组成了句子，这种句子就是我们所说的基因。

这些基因指挥细胞制造重要的蛋白质，这些蛋白质能做所有重要的工作，比如为身体所有部位运送氧气或形成植物上的叶子，这些都是为了使生物体存活下来。

待出租
蛋白质

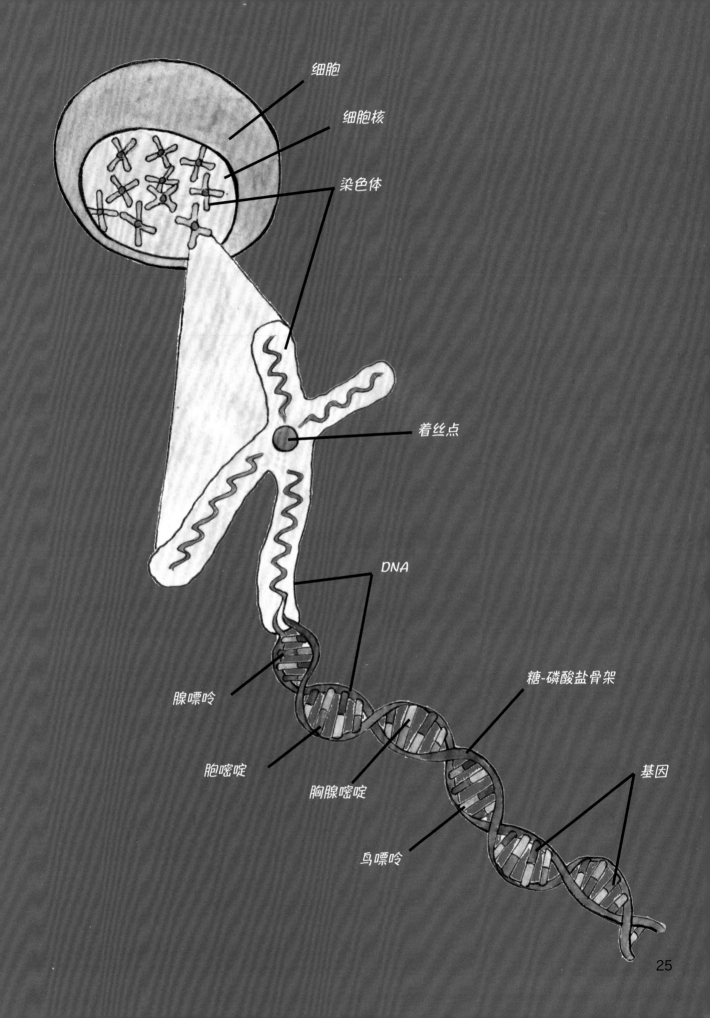

细胞

细胞核

染色体

着丝点

DNA

腺嘌呤

胞嘧啶

胸腺嘧啶

鸟嘌呤

糖-磷酸盐骨架

基因

25

一个相当棒的观点

1831年，一位名叫查尔斯·达尔文的年轻毕业生登上了"贝格尔号"军舰，开始了为期5年的环球航行。这次航行激发了他的创作灵感，让他撰写出了讲述演化论的《物种起源》。

演化论并不是一个新概念。演化论认为我们继承了父母，甚至祖父母及更早祖先的特征，我们身体里的优势和弱点也是代代相传下来的，这构成了我们自己的特点。

拉马克的理论

法国自然学家詹·拉马克在此之前也发表过关于演化的观点。根据拉马克的说法，"后天习得的特征"是遗传的。由此可以推断，如果你的父亲是一位出色的足球运动员，那么你同样会成为出色的足球运动员。

当然，这并不一定会发生，但你很可能会继承你父亲的运动能力，这样你就可以掌握同样的运动技能。

*这艘"贝格尔号"军舰停泊
在南美洲的麦哲伦海峡*

适者生存

　　达尔文航行回来时，带回了一箱箱他考察时收集的植物和动物标本，通过对它们进行观察和研究，他开始相信演化是由自然选择决定的，这一观点后来被称为"适者生存"。

　　此外，达尔文发现，世界上所有的植物和动物都是有种群的，人类看起来最像类人猿，而二者看起来又都像猴子。他认为，这种相似一定意味着在过去很长一段时间内，它们曾有着共同的祖先。

缓慢地变化

　　达尔文认为所有的生物都随着时间而改变。每一代都继承了上一代的特征——这些代代相传的小变化可以使该物种的后代更好地适应环境，也更有可能生存下来。

基因的传递

你的父母每人为你提供了一组染色体，一组为23条，这样你就有了两组染色体。你得到的每组染色体都是由他们每人的两组染色体按照规则组合而成的。这个规则就是每人在自己的两组染色体中，同序号的染色体只能选择其一。

制造你……

像所有的人类一样，你的父母各有两组染色体，每组23条。你的染色体就是由他们的染色体组合形成的。

你母亲的染色体

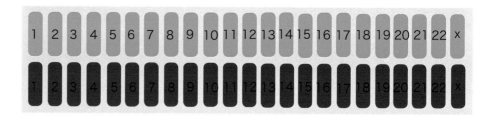

你父亲的染色体

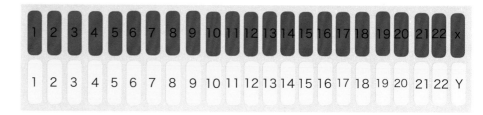

你继承的染色体

如果你有一个小弟弟，有可能他会从你的父母那里得到看起来像这样的一组组合方式完全不同的染色体。

还有你的孩子们……

现在，假如你长大了并有了一个孩子，所有的过程都会重复上一代的模式。你染色体的一半和你伴侣染色体的一半会构成你们孩子的染色体。这就是为什么某些特征会在一个家庭中一代又一代地出现。

男孩还是女孩？

在23对染色体中，只有一对决定了你的性别——这一对就是表中排在最后的那对。孩子的染色体中如果有两个X（女）染色体就是女孩，如果有一个X染色体和一个Y（男）染色体就是男孩。

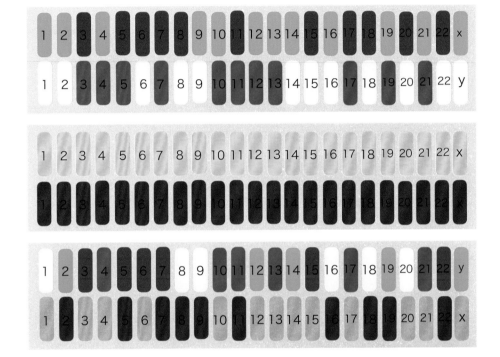

你的染色体

你伴侣的染色体

你们孩子的染色体

特殊的细胞

制造你的细胞，来自卵细胞和精子。卵细胞来自女性，精子来自男性。它们都是特殊的细胞。与其他细胞中有46条染色体不同，它们内部只有23条，即常规数字的一半。

每个精子或卵细胞都有超过800万的原始染色体的组合可能。这是因为用你的母亲和父亲的染色体创造每一个孩子时，可以选择的染色体组合太多了。而恰恰他们结合所形成的就是现在的你，他们的这一组合使你独一无二。

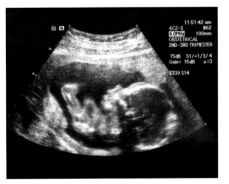

一张能看到子宫内胎儿的超声波影像

家庭

　　细胞内大部分基因都有两个拷贝，一个遗传自父亲，一个遗传自母亲，这两个拷贝叫作等位基因。通常情况下，成对的基因是相似的，但可能每个基因会有不同的版本，不同版本的两个基因有显性基因和隐性基因之分。显性基因的表现性较强，会"战胜"较弱的隐性基因，决定着我们独一无二的形态，例如我们头发的颜色、我们是单眼皮还是双眼皮等。

它是如何工作的呢？

一个常见的等位基因的例子是决定我们眼睛颜色的基因。蓝色眼睛是由隐性基因控制的，而棕色眼睛则是由显性基因控制的。

隐性基因

如果你有两个隐性等位基因，该隐性等位基因的性状就会显示出来。如果你想拥有蓝色的眼睛，在染色体上需要有两个控制蓝色眼睛的等位基因。

显性基因

即使你只有一个显性等位基因，该基因的性状也总是会表达出来。所以，如果你有一个控制棕色眼睛的基因，而另一个是控制蓝色眼睛的基因时，你的眼睛会是棕色的。还有一件显而易见的事，就是如果你这对基因都是控制棕色眼睛的显性基因，你的眼睛也一定是棕色的。

突变

那么我们是如何得到不同版本的基因的呢？其实，它是由突变引起的，这是一种随机变化。它可以自然发生，也可以通过暴露在辐射或有害化学物质中发生。我们的基因中都会有一些突变，它们可能是有害的，也可能是对人类有利的，或者根本就没有任何影响。

什么是基因组？

当科学家了解了染色体、DNA和基因之后，他们就想弄明白更多关于生物构成的细节。所以他们做的下一项工作就是按序列标出染色体中所有基因的位置。他们把这一集合称为基因组，即在一个有机体中发现的完整的基因集合。

人类基因组计划

我们的DNA包含在22对普通染色体和一对性染色体（X染色体和Y染色体）中——染色体一共有23对。

我们的基因组，或者说人类的基因组，是人类所有染色体中的全部DNA排列的完整合集。这意味着人类基因组包含了能成为男人或女人的所有人类基因，也就是编码指令。

人类基因组计划始于1990年，致力于完成两项主要的任务。一是要找出构成基因组的DNA分子中碱基A、C、G和T的确切序列，二是要绘制出基因组的图谱来显示每个基因的位置。这些任务十分艰巨，因为基因组中包含着数百万对碱基。因此，成千上万的科学家在6个国家的16个研究机构中进行研究，来完成这两项任务。

一排DNA测序仪器

DNA测序

首先，科学家们着手于绘制染色体图谱来寻找特定的基因。这有助于将碱基序列与特定基因相匹配。然后他们需要对DNA进行测序。DNA分子又长又薄，所以科学家把它们切成小块，以确定碱基的顺序。这些小块是自动排序的，由计算机读取碱基序列。计算机读取规律，将DNA片段重新组合在一起。起初，这是一个缓慢的过程，但现在，随着更强大的计算机的出现，1000个碱基对可以在1秒钟内完成排序。

结果怎么样呢？

人类基因组计划的完整版本最终于2003年问世。它显示我们的基因组是由3万到4万个基因中的3.2亿个碱基对组成的！但是这些基因只占我们DNA的1%到3%。DNA上其余的部分被称为"垃圾DNA"，因为科学家们发现这些部分不会制造蛋白质编码。然而，最近的研究发现，它们中的很多也有其他非常重要的工作要做。尽管科学家们还不确定它们的所有功能，但是他们知道这可能并不是"垃圾"。

这意味着，我们仍然有很多令人激动的DNA未知事件等待发掘！

改变基因

大多数时候，我们认为杂草是一种讨厌的东西，它总是生长在我们不想让它出现的地方，还会使我们的花园看起来不够整洁。所以我们通常把它们拔出来扔掉。但是，在英国诺维奇的约翰英纳斯中心，一个国际研究小组花了几年时间分析一种名为"拟南芥"的杂草的DNA。

了解植物

这个重要的研究培育中心的科学家们相信，通过研究或破译这种杂草的DNA密码，他们将能更全面地了解植物。通过研究一种植物中的所有基因，他们也许能够找出其他植物在某些情况下存活或死亡的原因。一旦他们明白了这一点，他们就能改进耕作方法，甚至在将来有能力保护农作物免受疾病的困扰。

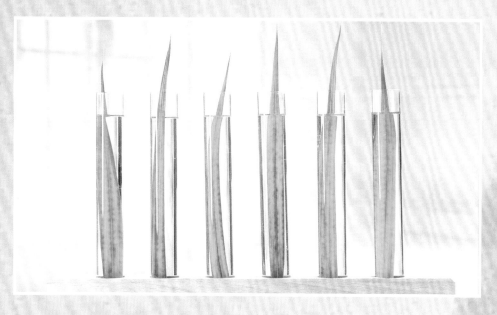

在一个植物研究实验室中生长的植物幼苗

也了解动物

所有的生命形式都会共享很多的DNA，这意味着实际上你和香蕉有比你想象中更多的共同点！因此，如果科学家能够解开一种杂草的DNA，他们也可以利用这些信息来了解更多关于人体、疾病以及未来人类健康的信息。

一株拟南芥上罕见的双花

抓住那个小偷！

除了DNA，我们还有一个独一无二的地方——指纹。我们的手指上覆盖着可以留下印记的很多微小山脊形纹路，并且我们每个人的指纹都不同。因此，在过去，指纹被用来识别身份，也被用来抓捕罪犯。但如今，有一种更好的方式来追捕罪犯。特殊的警察人员可以用嫌犯独特的DNA来判断他们是否在犯罪现场。

一个用红墨水印出的指纹

发现线索

假设有个人走进了银行并打劫。他或她戴着手套，所以现场并没有采集到指纹。但是当他们站在安全地带时，几缕头发从他们的头上掉了下来。在他们带着钱逃走之后，警方可以寻找这种DNA证据。当他们找到它的时候，就可以把它交给一个由法医组成的特别侦探小组。

法医小组可能有几个线索，但他们不知道谁是罪魁祸首。所以他们从每一个嫌疑犯身上提取DNA样本，然后与从现场取得的头发中提取的DNA样本进行比对。DNA相符的那个嫌疑人便是罪犯。

亚历克·杰弗里斯

DNA鉴定

1985年，英国莱斯特大学的基因科学家亚历克·杰弗里斯发明了一种新的技术。当时杰弗里斯正在研究一些DNA的X光图像，他想到可以通过分析DNA来鉴定特定的人。所需要的只是一点点头发、少量的血液或唾液，甚至仅仅是一些皮肤细胞的其中一种，他就能找出它们属于谁。

这种技术最初被称为基因指纹，现在被称为DNA鉴定，在很多领域都有使用。例如，如果有人在寻找他们的亲生父母，这一技术可以告诉他们是否和那个人有血缘关系。它也被用于动物和植物的研究，并帮助改进了农作物耕作的方法。但最广为人知的是，它是DNA犯罪调查的重要手段之一。

取证

取证是一种特殊的科学测试或技术，主要用于解决犯罪问题。一旦犯罪分子实施了犯罪，法医将会前往犯罪现场收集证据，并带回实验室进行检查。他们的调查结果将会确认是谁犯了罪，以及每个受害者的身份。他们也可以确定犯罪发生的时间，以及现场是否有什么东西被移走或移回。

一名协助警察调查犯罪现场的法医

为DNA检测特别设立的实验室中的特殊设备

制造复制品

具有完全相同的基因和DNA的生物被称为克隆体。这并不是经常发生的，因为有数以百万计的基因组合使我们每一个人都那么独一无二。但是克隆也可以自然地发生在自然界中，例如，同卵双胞胎就是克隆体，因为它们拥有完全相同的DNA。

因此，在科学家们获得了全部关于DNA的知识之后，他们意识到，通过克隆一个细胞来制造出某种动物的完美复制品是可行的。毕竟，如果一只羊的羊毛真的很好，为什么不克隆一群羊，让好羊毛的产量更高呢？于是，在1996年，科学家们就实施了他们的想法——他们成功克隆了一只名叫"多莉"的羊，这只羊很快就变得世界闻名。

克隆羊多莉

多莉是通过一种叫细胞核移植的技术克隆出来的。科学家们首先从一只雌性的芬兰多塞特白面绵羊的身上提取细胞核，然后从另一只名为"苏格兰黑脸"的母羊身上取出卵细胞。他们将苏格兰黑脸羊卵细胞中的细胞核去除，然后注入从芬兰多塞特白面绵羊身上提取的细胞核。新细胞核和卵细胞中的细胞质融合，形成一个胚胎，这个胚胎被植入另一只苏格兰黑脸羊的体内。这只"养母羊"后来产下这只名叫多莉的小羊羔。而多莉在基因上与第一只芬兰多塞特白面绵羊完全相同。

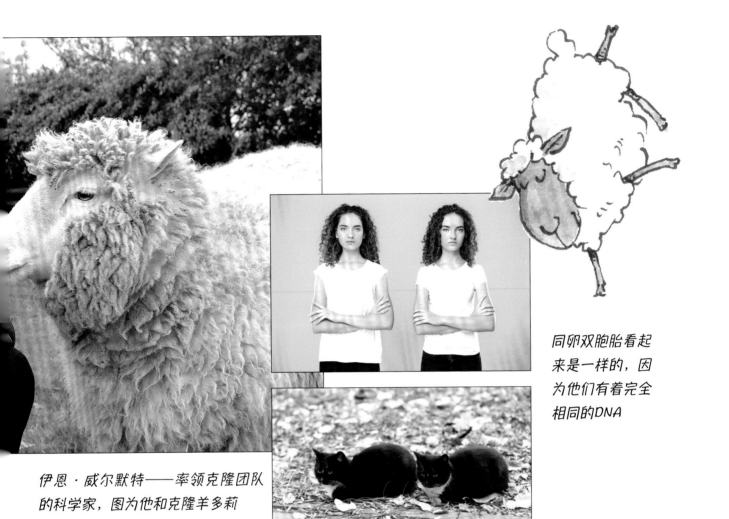

同卵双胞胎看起来是一样的，因为他们有着完全相同的DNA

伊恩·威尔默特——率领克隆团队的科学家，图为他和克隆羊多莉

克隆的问题

在多莉之后，其他很多种动物也被克隆了。但是在制造的所有克隆胚胎中，只有1%的存活率。这是因为如果使用了一个成年动物的细胞，很可能会有一些用于婴幼儿时期发展的基因就被关闭了。所以克隆的失败率很高。

尽管如此，科学家们仍在争论克隆人类是否正确。比如，你觉得应不应该克隆一个杰出的数学家或者出色的歌手？有些人认为应该这样做，但另一些人认为这是违背自然规律的。

克隆人类可能会导致麻烦

回溯过去

DNA也可以用来解决与历史相关和寻找现代人类起源的问题，例如，早期人类是什么样儿的？他们是从哪里来的？它可以用来追踪人类是如何从非洲迁移到世界其他地方的，并且可以告诉我们当两种不同类型的人类相遇时会发生什么——是会产生基因交流还是会彼此远离。

我们的祖先

研究古生物化石和骨骼的科学家们，利用DNA来了解生物的历史和演化。尽管随着时间的推移，DNA会变得越来越难以识别，但对于科学家们来说，留下的物质对样本采集和分析已经绰绰有余。然后，他们利用收集到的信息来了解那些早已灭绝的动物——这其中就包括早期人类！

事实上，世界各地的骨骼样本都已经被研究过，有些很可能是400万年前的！于是，科学家现在就可以通过研究不同的骨骼样本，来确定谁是我们的祖先，并了解我们是如何进化成现代人类（或称为智人）的。

最紧密的联系

科学家们认为最接近我们的人种是尼安德特人。尼安德特人生活在大约50万到3万年前的欧洲。他们很可能在21.9万年前与智人（就是我们所属的人种）进行了基因交流。科学家们之所以知道这一点，是因为他们在一件属于这一时期的尼安德特人化石中发现了现代人类的DNA。

现在，科学家们正在研究晚期尼安德特人的基因中是否也含有我们智人的部分。

新人类

最终，一群来自非洲的"克罗马农人"（或者说是欧洲早期的现代人类）[1]取代了尼安德特人。他们也属于智人，他们还会绘画、雕刻和制作乐器。但这之后尼安德特人似乎消失了！他们是与智人基因交流了，还是被替代了呢？

一件克罗马农人的头盖骨化石

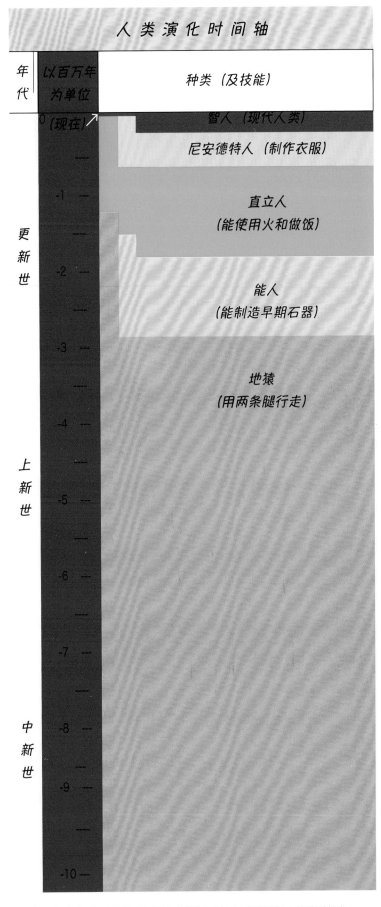

人 类 演 化 时 间 轴

年代	以百万年为单位	种类（及技能）
	0（现在）↗	智人（现代人类）
		尼安德特人（制作衣服）
更新世	-1	直立人（能使用火和做饭）
	-2	能人（能制造早期石器）
	-3	地猿（用两条腿行走）
上新世	-4	
	-5	
	-6	
	-7	
中新世	-8	
	-9	
	-10	

---

① 一群来自非洲的"克罗马农人"实际指的是"克罗马农人"的祖先类型，真正的克罗马农人发现于法国，是晚期智人的典型代表。——译者注

灭绝的解决方案

让它们重获新生！

发现古老的DNA的好处不仅在于了解过去，还在于让这些动物重获新生！事实上，科学家们已经成功地复活了庇里牛斯山羊（一种在2000年灭绝的野山羊）。他们使用了一种特殊的"克隆"技术，从已经灭绝的庇里牛斯山羊的细胞中获取细胞核，并将它注入一只活着的雌性山羊的无核卵细胞中，并使其代孕。这只代孕山羊母亲产下了庇里牛斯山羊的后代，这一物种又从灭绝中复活了。

科学家计划利用这项技术来复活其他已灭绝的动物，例如，渡渡鸟、斑驴（一种古老的斑马）、塔斯马尼亚虎，甚至长毛猛犸象！也许在将来，我们会找到足够的DNA，让恐龙也重获新生！

乳齿象的牙齿化石。乳齿象是
一种已经灭绝的类似大象的哺
乳动物

词汇表

氨基酸

一种在植物和动物中发现的构成化学物质的基本单位。

祖先

远房亲戚或某一物种的早期形态。

原子

一种最小的单位之一。原子们组合在一起，构成了所有的化学元素。

细菌

由单个细胞构成的微小生物。

碱基

一种化学物质，由糖和磷酸盐连接在一起，形成了DNA的阶梯。

细胞

所有生物体单独的、微小的单元。

查尔斯·达尔文

一位英国科学家，他著有《物种起源》，该书阐述了演化是怎样通过自然选择产生的。

化学物质

一种纯净物。

染色体

由氨基酸和蛋白质构成的。它存在于细胞的细胞核中，它的内部含有DNA。

密码子

一种由三个化学碱基构成的序列。这个序列能产生遗传物质DNA编码的一部分。

DNA(脱氧核糖核酸)

在生物的细胞中发现的一种酸性物质。含有控制生物形态和生活方式的信息。

多莉

第一只利用无亲缘关系的绵羊的体细胞和卵细胞进行克隆（复制）的哺乳动物。

显性基因

表现性更强的基因（详见隐性基因），它决定了一个生物体的特征。

双螺旋结构

DNA曲线状结构的名称。

胚胎

未出生的生物体的后代。

演化

为了生存，动物体和植物体在几千年，甚至几百万年的时间里逐渐发生的变化。

灭绝

当某种植物或动物的种群全部消亡，就称为灭绝。

指纹

手指的尖端留下的痕迹。对每个人来说都是独一无二的。

鞭毛

单细胞细菌中尾巴形状的部分。有帮助它游动的作用。

取证

利用科学来协助犯罪调查的手段。

基因

它控制并给细胞发出指令，使其制造维持生命的蛋白质。

基因图谱

用来找到染色体上某一个基因位置的方法。

基因组

一组完整的基因。

人类基因组计划

一个由几个国际组织共同完成的项目，记录了完整的人类基因。

实验室

用于科学家做实验的房间，房间内有特殊的设备和化学品。

镜头

一块带有弧度的透明的材料（通常是玻璃的)，边缘是弯曲的，可以用来观察和研究很远或很小的物体，使它们看起来更清晰。

膜

细胞的一种保护层。

显微镜

一种可以将非常微小的物体放大，使它们容易观察的设备。

线粒体

细胞的一部分，是细胞中制造能量的结构，也是细胞进行有氧呼吸的主要场所。

分子

任何事物的最小部分, 由一个或多个原子构成。

尽管它很小，但它仍具有该种事物的特性。

自然选择

用于描述演化中适应能力最强的物种能够生存下去的术语。

神经

将信息或电信号传递到身体各个部位的纤维。

核仁

细胞核的中心部分。

细胞核

细胞的中心部分，能够存储遗传信息。

生物体

有生命的物体，如植物、动物或单细胞生物这样的生命形式。

蛋白质

一种使生物存活的化学物质。发现于肌肉，血液、卵细胞，皮肤和骨骼中。

脓

一种由死去的白细胞和细菌组成的黄色或绿色的液体。通常发现于受感染的区域。

隐性基因

表达能力较差的基因。在与显性基因的表达中，这个基因没有那么强大。

测序

发现和记录DNA分子中基因和碱基的排列方式的过程。

索引

图片出处说明

图片来源：除另有说明，本文图片均来自矢量图片素材库。

第2~3页　背景：安娜·凯瑞娃

第4页　科学摄影

第5页　CNKO2

第6页　门诺·谢佛

第7页　帕诺斯·卡拉斯

第8页　美好一天摄影

第9页　芮提亚·颂杜玛苏

第12页　顶部：维基百科，作者不详；左下：艾琳娜·丹尼洛娃；右下：波塔波夫·亚历山大

第14页　左图：水晶灯

第14~15页　背景：华珍尊克迪

第15页　顶部：维基百科，阿卡

第16页　左图：维基百科，简·阿德斯；右图：维罗迪米尔·左左林斯基

第18页　左图：维基百科，作者不详；右图：维基百科，作者不详

第19页　左上：维基百科，马尔茨·利伯曼；中间：维基百科，冷泉港实验室；右图：马克·洛奇

第20~21页　背景：阿让纳米

第23页　Rawpixel.com

第26~27页　维基百科，R.T.普里切特

第29页　顶部：达伦·布罗德；底部：AF工作室

第30页　顶部和底部：猴子商业图片

第30~31页　背景：T.弗莱克斯

第33页　维基百科，尤尔韦特松

第34页　插图：JPC-PROD

第34~35页　维基百科，丹尼尔·奥坎波

第37页　顶部：维基百科，摩尔普斯；右下：爱德华；左下：谢尔盖·德罗兹德

第38~39页　罗斯林研究所，创意共识2.0版

第39页　顶部：饼干工作室；中间：罗曼·苏瑟兰寇；底部：尤里·朱华沃夫

第41页　维基百科，120

第42~43页　背景：阿里赞达工作室室